上海市工程建设规范

燃气直燃型吸收式冷热水机组工程技术标准

Technical standard for gas direct-fired absorption chiller and heater engineering

DGJ 08—74—2020

J 10430—2020

主编单位：上海燃气（集团）有限公司
　　　　　上海燃气工程设计研究有限公司
批准部门：上海市住房和城乡建设管理委员会
施行日期：2021年7月1日

U0349701

同济大学出版社

2020　上海

图书在版编目(CIP)数据

燃气直燃型吸收式冷热水机组工程技术标准/上海
燃气(集团)有限公司,上海燃气工程设计研究有限公司
主编. --上海:同济大学出版社,2020.12
ISBN 978-7-5608-9241-2

Ⅰ. ①燃… Ⅱ. ①上… ②上… Ⅲ. ①房屋建筑设备
-空气调节设备-冷热水机组-工程技术-技术标准-上
海 Ⅳ. ①TU831.4

中国版本图书馆 CIP 数据核字(2020)第 067980 号

燃气直燃型吸收式冷热水机组工程技术标准

上海燃气(集团)有限公司
                                    主编
上海燃气工程设计研究有限公司
策划编辑　张平官
责任编辑　朱　勇
责任校对　徐春莲
封面设计　陈益平
出版发行　同济大学出版社　　www.tongjipress.com.cn
　　　　　(地址:上海市四平路 1239 号　邮编:200092　电话:021-65985622)

经　　销　全国各地新华书店
印　　刷　浦江求真印务有限公司
开　　本　889mm×1194mm　1/32
印　　张　1.625
字　　数　44000
版　　次　2020 年 12 月第 1 版　2020 年 12 月第 1 次印刷
书　　号　ISBN 978-7-5608-9241-2
定　　价　15.00 元

上海市住房和城乡建设管理委员会文件

沪建标定〔2020〕735 号

上海市住房和城乡建设管理委员会
关于批准《燃气直燃型吸收式冷热水机组
工程技术标准》为上海市工程建设规范
的通知

各有关单位：

由上海燃气（集团）有限公司和上海燃气工程设计研究有限公司主编的《燃气直燃型吸收式冷热水机组工程技术标准》，经我委审核，并报住房和城乡建设部同意备案（备案号为 J 10430－2020），现批准为上海市工程建设规范，统一编号为 DGJ 08－74－2020，自 2021 年 7 月 1 日起实施。其中第 3.1.2 条、第 3.1.5 条为强制性条文。原《燃气直燃型吸收式冷热水机组工程技术规程》（DGJ 08－74－2004）同时废止。

本规范由上海市住房和城乡建设管理委员会负责管理，上海燃气（集团）有限公司负责解释。

特此通知。

上海市住房和城乡建设管理委员会
二○二○年十二月十日

前　言

本标准根据上海市住房和城乡建设管理委员会《关于印发〈2016 年上海市工程建设规范编制计划〉的通知》(沪建管〔2015〕871 号)要求,由上海燃气(集团)有限公司和上海燃气工程设计研究有限公司在《燃气直燃型吸收式冷热水机组工程技术规程》DGJ 08－74－2004 基础上,通过深入调查研究,认真总结实践经验,参考国内外有关标准,并在广泛征求意见的基础上,反复修改而成。

本标准的主要内容有:总则、术语、机房设置、机组的燃气供应、燃气计量、管道和阀门的安装、试验与验收等。

本次修订的主要内容是:

1. 机组的供气压力将原中压 B 0.01MPa≤P≤0.2MPa 改为中压 B 0.01MPa＜P≤0.2MPa;低压 P＜0.01MPa 改为 P≤0.01MPa。

2. 燃气报警系统的相关内容根据现行行业标准《城镇燃气报警控制系统技术规程》CJJ/T 146 进行了调整。

3. 增加了机房安全出口的具体要求。

4. 补充完善了通风换气次数的要求。

5. 增加了管道沿外墙敷设的技术要求。

6. 对强度试验和严密性试验要求进行了调整。

7. 删除了人工煤气的相关内容。

本标准中以黑体字标志的条文为强制性条文,必须严格执行。

各单位及相关人员在执行本标准过程中,如有意见和建议,请反馈至上海市住房和城乡建设管理委员会(地址:上海市大沽路 100 号;邮编:200003;E-mail:bzgl@zjw.sh.gov.cn),上海燃气(集团)有限公司(地址:上海市虹井路 159 号;邮编:201103;E-mail:chichi940826@126.com),或上海市建筑建材业市场管理总站(地址:上海市小木桥路 683 号;邮编:200032;E-mail:bzglk@zjw.sh.gov.cn),以供今后修订时参考。

主 编 单 位:上海燃气(集团)有限公司
　　　　　　上海燃气工程设计研究有限公司
参 编 单 位:上海市消防局
　　　　　　华东建筑设计研究院有限公司
主 要 起 草 人:臧　良　刘　军　李念文　陆智炜　刘　毅
　　　　　　任　全　马迎秋　黄佳丽
主 要 审 查 人:秦朝葵　寿炜炜　王钰初　吕学珍　祝伟华
　　　　　　张　臻　潘军松

上海市建筑建材业市场管理总站

目 次

Contents

1　总　则

1.0.1　为适应城市建设和燃气直燃型吸收式冷热水机组工程应用的需要,吸收国内外在燃气直燃型吸收式冷热水机组应用方面的经验,并结合本市使用的具体情况,制定本标准。

1.0.2　本标准适用于设置在建筑物中的燃气直燃型吸收式冷热水机组(以下简称机组)天然气配套供应工程的设计、安装及验收。

1.0.3　本标准适用供气压力为:

中压 B　　$0.01MPa < P \leqslant 0.2MPa$

低压　　　　$P \leqslant 0.01MPa$

1.0.4　机组工程的设计、安装应符合安全可靠、经济合理的原则。

1.0.5　机组及其附属设备应采用符合国家标准或地方标准的产品。

1.0.6　机组工程的设计、安装及验收,除执行本标准外,尚应符合国家、行业和本市现行有关标准的规定。

2 术 语

2.0.1 燃气直燃型吸收式冷热水机组 gas direct-fired absorp-
tion chiller and heater

该机组由天然气作为能源,它由高/低压发生器、冷凝器、蒸
发器、吸收器和高低温换热器及屏蔽泵和真空泵等主要部件组
成,应用吸收法原理,在真空状态下提供冷水、热水,以供给冷、热
媒参数的不同分为两用型、三用型,前者具有供暖、供冷功能,后
者具有供暖、供冷、供生活热水功能。

2.0.2 稳压装置 regulator

一种能自动控制燃气压力,将其控制在一定范围内的装置。

2.0.3 过滤器 filter

由过滤筒和过滤网组成,过滤网在过滤筒内,能将燃气中的
杂质和水分滤出,保证燃气清洁度的器具。

2.0.4 燃气报警控制系统 gas alarm and control system

由可燃气体探测器、不完全燃烧探测器、可燃气体报警控制
器、紧急切断阀、排气装置等组成的安全系统。

2.0.5 紧急切断阀 emergency shut-off valve

当接收到控制信号时,能自动切断燃气气源,并能手动复位
的阀门。

2.0.6 可燃气体探测器 combustible gas detector

当被测区域空气中可燃气体的浓度达到报警设定值时,能发
出报警信号的气体探测器。

2.0.7 可燃气体报警控制器 combustible gas alarm and con-
trol unit

接收可燃气体探测器及手动报警触发装置信号,能发出声、

光报警信号,指示报警部位并予以保持的控制装置。

2.0.8 释放源 release source

可释放出能形成爆炸性混合气体的所在位置或地点。

2.0.9 管道井 pipeline well

专门用于安装管线的垂直井道。管线安装在管道井内可提高防火安全并使建筑装饰美观。

2.0.10 带防火阀的进风百叶 the intake shutter with safe valve

设置在管道井底部带有防火阀的进风百叶,平时保持管道井上下通风,当发生火警或达到设定温度时,防火阀能自动关闭。

3 机房设置

3.1 一般规定

3.1.1 机房宜与其他建筑物分离独立设置。当机房独立设置有困难时,宜设置在建筑物内的首层。当机房无法设置在建筑物内首层时,可设置在建筑物的屋顶上、半地下室、地下室或中间层内。

3.1.2 机房不应设置在人员密集场所的上一层、下一层或贴邻房间及安全出口的两侧。

3.1.3 机房设置在建筑物的首层、半地下室、地下室或中间层时,应靠外墙设置。

3.1.4 机房设置在建筑物内或屋顶上时,其安全技术措施应符合本标准第 4.2~4.4 节的要求。

3.1.5 机房不应设置在火灾危险性分类为甲、乙类生产或储存物品的建筑物内或贴邻。

3.1.6 当设计压力为中压 B 或机组设置在地下室、半地下室、地上密闭空间时,燃气管道应采用厚壁无缝钢管,其壁厚应满足设计压力要求,并应对钢管进行防腐处理;设计压力为低压时,燃气管道可采用镀锌钢管或同等性能及以上的其他管材。

3.1.7 当供气设计压力为中压 B 或机组设置在地下室、半地下室、地上密闭空间时,机房内应设置燃气报警控制系统。

3.1.8 燃气管道严禁穿越防火墙。

3.1.9 消防控制中心或集中监视室应有显示报警系统工作状态的装置,应能显示各点报警、故障信号、自动启闭信号。紧急切断阀应能遥控切断。

3.1.10 燃气报警控制系统应有备用电源。

3.2 机房设置及建筑要求

3.2.1 机组设置在建筑物内,其装机容量应符合下列要求:

1 机组不宜设置在建筑物的中间层。当必须设置时,单台制冷量不大于 1.4MW,总制冷量不大于 2.8MW,最高出水温度低于 95℃。

2 机组设置在多层建筑和裙房屋顶时,单台制冷量不大于 7.0MW,总制冷量不大于 28.0MW,最高出水温度低于 95℃。

3 机组设置在高层建筑屋顶时,单台制冷量不大于 7.0MW,总制冷量不大于 21.0MW,最高出水温度低于 95℃。

3.2.2 机房建筑应符合下列要求:

1 机房应通风良好,机房内不应有易燃易爆的物品。

2 机房的面积及净高应根据机身高度、上部管道安装、检修的空间需求确定,机房内不应设置吊平顶。

3 机房内应设置火灾报警装置和自动灭火系统。

4 机组运行时的噪声控制应符合现行国家标准《声环境质量标准》GB 3096 或当地主管部门的有关规定。

5 当机房设置为独立建筑或位于建筑物内首层时,安全出口须符合下列要求:

1) 当单层机房面积大于 200m² 时,安全出口不应少于 2 个,并应分设在两侧;

2) 当单层机房面积小于 200m²,且机组前走道总长度不超过 12m 时,其安全出口可设 1 个;

3) 非独立机房,其安全出口必须有一个直通室外;

4) 当机房为多层布置时,其各层的人员出口不应少于 2 个,楼层上的安全出口,应有直接通向地面的安全楼梯;

5) 机房通向室外的门应向室外开启。

6 机房必须具有设备安装、检修通道及空间,应有方便设备起吊、安装就位和日后更换设备方便的措施。

7 支承机组楼板的承载力应满足机组安装和运行负荷的要求。

8 非独立机房与贴邻建筑应采用防火墙或用防火楼板隔开,重要场所宜设置防爆墙。

9 机房的泄压面积不得小于机组高压发生器占地(包括高压发生器前、后、左、右检修场地 1m)面积的 10%(当通风管道或通风井直通室外时,其面积可计入机房的泄压面积),泄压口应避开人员密集场所和主要安全出口。

10 机房内机组保温层外表面的温度不宜高于 50℃。

3.3 操作室布置

3.3.1 操作室应与机房相连,操作室与机房之间应有隔墙并有门相通。

3.3.2 操作室与机房之间应设观察窗,观察窗宜采用双层窗;当无法设置观察窗时,应采用其他监察手段使操作人员应能清楚地观察到机房内的主要部位。

3.3.3 操作室设计应符合劳动保护(如隔声、室温、新风)等要求。

3.4 机组布置

3.4.1 机房内机组与墙之间的净距不宜小于 1.2m。

3.4.2 低温发生器前应留有不小于低温发生器长度的操作空间。

3.4.3 机房内布置多台机组时,机组之间的净距不应小于 1.0m。

4 机组的燃气供应

4.1 一般规定

4.1.1 为保证供气的稳定性,宜由管网上引出中压支管,在支管上设置燃气调压站,由调压站降压后供应机组用气。调压站的设置应符合现行上海市工程建设规范《城市煤气、天然气管道工程技术规程》DGJ 08－10 的有关规定。

4.1.2 当受到场地条件限制,无法设置燃气调压站时,可由管网上引出中压支管直接供应机组用气,并在机组前设置调压装置或稳压装置、过滤器。

4.1.3 机身运行时噪声控制应符合现行国家标准《声环境质量标准》GB 3096 的有关规定。

4.1.4 机组配备的燃烧器应具有安全保护功能,并应符合现行国家标准《锅炉用液体和气体燃料燃烧器技术条件》GB/T 36699 的有关规定。

4.1.5 烟气排放应通畅,并应排至室外,应有防烟气倒回的措施,室内有害气体的浓度应符合国家卫生标准要求。

4.1.6 排放烟气的烟囱宜分类单独设置,当2台或2台以上机组需要合并烟囱时,不应相互影响运行,应在每台机组的排烟支管上加装截断阀。

4.1.7 烟囱需要有一定的强度、刚度和稳定性,避免因振动而产生噪声,烟气出口流速不得小于 2.5m/s。

4.1.8 燃气管道和机组的连接不得使用非金属软管。

4.2 机组安装在室内的安全技术措施

4.2.1 管材的选用应符合本标准第 3.1.6 条的规定。

4.2.2 燃气报警控制系统的选择应符合本标准第 3.1.7 条的规定。

4.2.3 探测器设置的位置应符合下列规定:

1 探测器的设置位置应符合现行行业标准《城镇燃气报警控制系统技术规程》CJJ/T 146 的有关规定。

2 探测器的下端应距顶棚 0.3m 以内。

3 楼板底面下有凸出不小于 0.6m 的梁时,探测器应设置在梁与机组之间。

4 机房内有排气口时,最靠近机组的排气口附近应设置探测器。

5 当机组与排气口之间的凸出楼板梁不小于 0.6m 时,探测器不得设置在排气口附近,应设在梁与机组之间。

6 探测器不得设置在距进风口 1.5m 范围之内。

4.2.4 紧急切断阀应设置在用气场所的燃气入口管、干管或总管上,应采用自动关闭与现场人工开启方式,不设旁通,停电时紧急自动切断阀必须处于关闭状态。紧急切断阀应有两路控制:一路由报警控制器控制,另一路与排风机联锁。

4.2.5 报警控制器应设置在有专人值守的消防控制室或操作室内,并应符合火灾报警控制器的安装设置要求。

4.2.6 燃气管道的末端应设放散管,放散管材质和起始端安装的球阀应与主管道同等压力等级。放散管应接到地面安全处放散,放散管的端部应有防雨和防堵塞措施。机房内的放散管部分应与主管道一并进行严密性试验。

4.2.7 安装机组的机房及燃气管道经过的场所应有独立的机械送排风系统,事故排风机应采用防爆型,并应由消防电源供电。

新风量必须符合下列要求：

    1 机组设置在地上且有直接对外的通风口时，正常工作时换气次数不应少于6次/h，事故换气次数不应少于12次/h。

    2 机组设置在半地下室时，正常工作时换气次数不应少于6次/h，事故换气次数不应少于12次/h。

    3 机组设置在地下室时，正常工作时换气次数不应少于12次/h，事故换气次数不应少于12次/h。

    4 机组设置在地上密闭空间时，正常工作时换气次数不应少于12次/h，事故换气次数不应少于12次/h。

4.2.8 当机组运行时，机房内必须有可靠的通风换气措施，换气量按下列三个因素进行计算确定：

    1 供给燃气燃烧时所需要的助燃空气。

    2 将燃气燃烧时机体、烟道及其他设备等散发出的热量而引起机房内空气温度上升控制在允许范围内。

    3 人体环境卫生所必须的新鲜空气。

4.2.9 当机组停止运行时，可减少第4.2.8条确定的通风量，但不应低于3次/h。

4.3 机组安装在屋顶上的安全技术措施

4.3.1 燃气立管通至屋顶时以明敷为主，当需要设在管道井内时，应符合下列要求：

    1 管道井宜设置在室内靠外的墙面上，管道井的大小应能满足燃气立管安装、检修的空间需要。

    2 在管道井通过每层楼面处应设置丙级防火检修门和金属网楼板，管道井高出顶层屋面的高度不应低于女儿墙高度。

    3 管道井内应采用不燃材料作防火分隔，在立管穿过分隔层的四周应留有适当空隙，每4～5层设1只探测器，上、下两只探测器的高度不超过20m，探测器应设在不燃楼板底部。

4 管道井的顶部应设置百叶窗与大气相通,底层防火检修门的下部应设置带有电动防火阀的进风百叶。防火阀应能接受 24V,DC 信号控制。对有消防控制中心的工程,其阀控制应在消防控制中心。当有火灾发生时,消防控制中心应能联动控制防火阀的关闭。

5 燃气管道在进入管道井前应安装紧急切断阀。探测器的设置及紧急切断阀的动作应符合本标准第 4.2.3 条和第 4.2.4 条的要求。

6 管道井内的低压燃气管道可采用镀锌钢管或同等性能及以上的其他管材;中压燃气管道应采用厚壁无缝钢管;钢管应进行防腐处理。

7 管道井内低压燃气管道的连接可采用螺纹连接,中压燃气管道的连接应采用焊接连接。

8 管道井内的立管接口宜少,接口宜设置在各层楼面以上 1.2m 处。

9 管道井内的燃气立管每隔 4～5 层应设置限制水平位移的支承。立管高度大于 60m,小于 120m 时,至少应设 1 个固定支承;大于 120m 时,至少应设 2 个固定支承,立管的底部应设底部支承。两个固定支承之间、固定支承和底部支承之间应设伸缩补偿器。

4.3.2 机组应采取防风、防雨和防冻措施。

4.3.3 沿外墙面明敷管道时,应设置可供检修用的操作空间,并做好防雷、防静电接地措施,设置要求应符合现行国家标准《城镇燃气设计规范》GB 50028 的有关规定。

4.3.4 机房内的通风换气措施应符合本标准第 4.2.7 条和第 4.2.8 条的要求。

4.4 机组安装在中间层的安全技术措施

4.4.1 机房内电线、电器设备与燃气管道之间应保持不小于0.5m的净距,并采取绝缘措施。

4.4.2 当燃气管道需穿越其他楼层时,宜设置在管道井内,并应符合本标准第4.3.1条的要求。

4.4.3 燃气管道的末端应设放散管。放散管应符合本标准第4.2.6条的要求。

4.4.4 机房内的通风换气措施应符合本标准第4.2.7条和第4.2.8条的要求。

5 燃气计量

5.0.1 燃气计量装置宜设在首层靠外墙的专用房间内,也可单独设在机组所在建筑物外的专用房间内;当无法设置独立表房时,也可设在专用调压箱内,或设置独立表箱。

5.0.2 燃气计量表房应有良好的通风和照明,通风换气次数不应少于3次/h。

5.0.3 设在建筑物内的燃气计量表,在表房的进口总管上应设置过滤器,中压燃气计量表尚应设置体积修正仪及紧急切断阀。表房内应装探测器,探测器和紧急切断阀的信号应连接到有专人值守的消防控制室或操作室内。

5.0.4 燃气计量表宜采用 GPRS 等公共无线通信网络进行数据远传。

5.0.5 燃气计量表如设在地下室或半地下室时,应符合现行上海市工程建设规范《城市煤气、天然气管道工程技术规程》DGJ 08-10的有关规定。

6 管道和阀门的安装

6.1 管道的安装

6.1.1 管道、管件、附件、计量表、紧急切断阀、探测器、过滤器、体积修正仪及机组等必须具有制造厂的合格证明书。在安装前，应按设计要求校对其规格、型号，符合要求时方可使用。

6.1.2 镀锌钢管应采用管螺纹接口，管螺纹应光洁完整，不得有断丝和缺丝。螺纹接口填料应采用聚四氟乙烯。装紧后不得倒回。

6.1.3 任何电器接地装置，不得与燃气管道连接。

6.1.4 室外埋地燃气管道宜在外墙处升出地面，用低立管或高立管进入计量表房或机房，低立管的进户高度宜高于室内地坪 500mm。

6.2 阀门的设置

6.2.1 阀门应采用燃气专用阀门。

6.2.2 燃气专用阀门应设置在室内燃气管道上的下列部位：

    1 进户总管处。

    2 燃气计量表进、出口管上。

    3 计量表房内的附属设备的进出口处。

    4 机房燃气总管上和机组燃烧器进口管上。

    5 放散管、取样管及测压管上。

6.3 管道防腐和色标

6.3.1 室内钢管应进行防腐处理。管道应涂刷黄色识别漆。

6.3.2 室外埋地钢管应进行防腐绝缘处理,并辅以牺牲阳极保护措施。牺牲阳极保护设计应符合现行国家标准《埋地钢质管道阴极保护技术规范》GB/T 21448 的有关规定。

6.3.3 管道防腐应符合现行上海市工程建设规范《城市煤气、天然气管道工程技术规程》DGJ 08-10 的有关规定。

6.4 管道焊缝的检验

6.4.1 管道连接方式为焊接时,应进行焊缝检验。

6.4.2 室外埋地钢管以及中压 B 级室内燃气钢管焊缝质量的检验应符合现行上海市工程建设规范《城市煤气、天然气管道工程技术规程》DGJ 08-10 的有关规定。

6.4.3 半地下室、地下室以及地上密闭空间采用的低压燃气钢管,全部焊缝应进行 100% 超声波无损探伤,其检验结果不得低于现行国家标准《焊缝无损检测 超声检测 技术、检测等级和评定》GB/T 11345 的Ⅰ级焊缝要求,并应进行 100% 射线照相检验,其检验结果不得低于现行国家标准《无损检测 金属管道熔化焊环向对接接头射线照相检测方法》GB/T 12605 的Ⅱ级焊缝要求。

7 试验与验收

7.1 一般规定

7.1.1 燃气管道安装完成后应进行试验。钢管在试验前应进行吹扫,吹扫与试验的介质应采用压缩空气,严禁用水。

7.1.2 钢管吹扫应满足下列要求:

1 管道系统吹扫前,应将调压设备、计量表、阀门等不能吹扫的附件拆除,并用短管相连,待吹扫后复位。

2 吹扫用的气流速度不宜低于 20m/s;吹扫压力不应大于管道的工作压力。

3 吹扫应反复进行多次,并做好记录。吹扫的合格标准为在管道末端用白布检查无沾染。

7.1.3 试验用的压力表应在校验有效期内,其量程不得大于试验压力的 2 倍。弹簧压力表应采用标准压力表,精度不得低于0.4级。

7.1.4 燃气管道试验前应具备下列条件:

1 管道施工完成后,应按设计和本标准的规定进行施工质量检查。

2 对管道各处连接部位的安装和焊缝质量,应严格检验并符合要求,焊口不得涂漆。

3 试验前应将不参与试验的系统、设备、仪表及管道附件加以隔断,安全阀、泄爆阀应拆除,设置盲板的部位应有明显标记和记录。

7.1.5 试验过程中,遇泄漏或其他故障时,不得带压修理,所有试验检测数据应全部作废,待正常后重新试验。

7.2 强度试验

7.2.1 强度试验应在吹扫合格后进行。

7.2.2 管道强度试验的介质应采用压缩空气,严禁用水。

7.2.3 强度试验的压力为设计压力的 1.5 倍,但不得小于0.1MPa,并应符合下列要求:

    1 在低压燃气管道系统达到试验压力时,稳压不少于 0.5h 后,应用发泡剂检查所有接头,无渗漏、压力计量装置无压力降为合格。

    2 在中压燃气管道系统达到试验压力时,稳压不少于 0.5h 后,应用发泡剂检查所有接头,无渗漏、压力计量装置无压力降为合格;或稳压不少于 1h,观察压力计量装置,无压力降为合格。

7.3 严密性试验

7.3.1 严密性试验应在强度试验合格后进行。

7.3.2 严密性试验的介质应采用压缩空气,严禁用水。严密性试验压力应满足下列要求:

    1 低压管道系统:试验压力应为设计压力且不得低于 5kPa。稳压不少于 0.5h,并用发泡剂检查全部连接点,无渗漏、压力计量装置无压力降为合格。

    2 中压管道系统:试验压力应为设计压力且不得低于 0.1MPa。稳压不少于 2h,并用发泡剂检查全部连接点,无渗漏、压力计量装置无压力降为合格。

7.3.3 强度试验完成后,可将管内压力降至严密性试验压力,待压力稳定后开始严密性试验。

7.4 工程验收

7.4.1 管道井应符合设计要求。

7.4.2 报警系统应在联锁测试合格后方能验收。

7.4.3 工程验收应符合现行上海市工程建设规范《城市煤气、天然气管道工程技术规程》DGJ 08-10 的有关规定。

本标准用词说明

1 为便于在执行本标准条文时区别对待,对要求严格程度不同的用词说明如下:

    1) 表示很严格,非这样不可的用词:

        正面词采用"必须";

        反面词采用"严禁"。

    2) 表示严格,在正常情况下均应这样做的用词:

        正面词采用"应";

        反面词采用"不应"或"不得"。

    3) 对表示允许稍有选择,在条件许可时首先应这样做的用词:

        正面词采用"宜";

        反面词采用"不宜"。

    4) 表示有选择,在一定条件下可以这样做的用词,采用"可"。

2 条文中指定应按其他有关标准、规范执行时,写法为"应符合……的规定"或"应按……执行"。

引用标准名录

1 《声环境质量标准》GB 3096
2 《埋地钢质管道阴极保护技术规范》GB/T 21448
3 《城镇燃气设计规范》GB 50028
4 《锅炉房设计规范》GB 50041
5 《城镇燃气室内工程施工与质量验收规范》CJJ 94
6 《城镇燃气报警控制系统技术规程》CJJ/T 146
7 《城市煤气、天然气管道工程技术规程》DGJ 08－10

上海市工程建设规范

燃气直燃型吸收式冷热水机组工程技术标准

DGJ 08－74－2020
J 10430－2020

条文说明

2020　上海

目 次

Contents

1 总　则

1.0.1　燃气用于空调技术已有数十年历史,特别是 20 世纪 70 年代后,世界上很多国家都十分重视燃气空调,促进了这项技术的发展。

随着我国改革开放的深入,新建的高层建筑越来越多,使用燃气空调以其能改善城市环境而见长,同时可以为电力、燃气的供应起到削峰填谷的作用,有利于城市能源的平衡。

1998 年东海平湖油气田的天然气引入了上海,2004 年"西气东输"天然气进入了上海,充足的气源为上海燃气空调的发展提供了保障。为了更好地满足发展燃气空调的需要,根据上海近年来发展燃气空调的具体情况,结合国内外的成熟经验,特制定本标准,作为设计、安装和验收的依据。

20 世纪 90 年代中后期,上海市开始了燃气直燃型吸收式冷热水机组工程的应用,为了规范其应用,根据现行国家标准《城镇燃气设计规范》GB 50028 和现行上海市工程建设规范《城市煤气、天然气管道工程技术规程》DGJ 08－10,同时吸收国内外在燃气直燃型吸收式冷热水机组应用方面的经验,并结合上海市使用的具体情况,于 1998 年编制了《燃气直燃型吸收式冷热水机组工程技术规程》DBJ 08－74,并于 2004 年第一次修编。该规程的颁布有力地推动了城市燃气的应用,实施了近 20 年,在设计、施工和管理方面也积累了大量的经验。

随着城市的发展,机组的应用愈发广泛,而国家标准《城镇燃气设计规范》GB 50028,2006 版也已执行了 10 多年,目前正在修编。其对商业用户燃气锅炉和燃气直燃型吸收式冷水机组的安全技术措施提出了更为明确的要求;同时国家建设部于 2008 年

2月3日发布实施了《锅炉房设计规范》GB 50041，对锅炉房的布置、燃气系统及燃气管道的设计都作了规定和说明。因此，对照国家标准，有必要对《燃气直燃型吸收式冷热水机组工程技术规程》的部分条款进行修编；通过修编，将积累的经验成果和解决问题的措施纳入本标准，进一步完善《燃气直燃型吸收式冷热水机组工程技术规程》，以适应上海市燃气建设发展，并保障生产建设和公民生命财产的安全。

1.0.2 燃气直燃型吸收式冷热水机组以燃气为能源，本标准规定使用的能源为天然气。

本标准燃气供应的适用范围规定为燃气直燃型吸收式冷热水机组工程，不包括供气设备以外的道路输气干管以及民用供气工程。

1.0.3 本标准把低压管道的压力定为 $P \leqslant 0.01\text{MPa}$ 是考虑提高低压管道供气系统的经济性和为高层建筑低压管道供气解决高程差的附加压头问题。

1.0.4 燃气直燃型吸收式冷热水机组可设置在建筑物的不同部位，因而也有不同的安全要求，造价也不同。因此，必须根据不同情况采取不同的技术措施，做到使用上符合要求，技术上安全可靠，经济上节约、合理。

1.0.5 燃气是易燃、易爆气体，冷热水机组（包括稳压器、计量表、阀门等）质量的优劣直接影响使用安全，故性能指标和制造质量应符合国家标准或地方标准。

1.0.6 燃气直燃型吸收式冷热水机组在我国是一种特殊用途的燃气设备，它的设计、安装和验收涉及面很广，本标准的规定不可能详尽周全，因此，规定了除执行本标准外，还应遵守国家、行业和本市现行有关标准的规定。

3 机房设置

3.1 一般规定

3.1.1 为保证安全,燃气直燃型吸收式冷热水机组的机房在有条件时宜与其他建筑物分离独立设置。

根据上海市近年来工程实践的经验,由于地价昂贵,建设项目基地面积狭小,建筑容积率高,连 10 多平方米面积的燃气调压站都很难有合适的位置可供设置,要设置独立的冷热水机组的机房困难就更大。故本条规定当机房独立设置有困难时,可设置在建筑物的首层、屋顶上、半地下室、地下室或中间层内,其中中间层是指除首层和顶层之外的其他层。这一规定既节约了场地,又方便了管道的配置。

3.1.2 本条中所称的人员密集场所,根据《消防监督检查规定》(公安部 73 号令)是指下列场所:

1 宾馆、饭店、商场、集贸市场、体育场馆、会堂、公共娱乐场所等公众聚集场所。

2 医院的门诊楼、病房楼,学校的教学楼、图书馆和集体宿舍,养老院,托儿所,幼儿园。

3 客运车站、码头、民用机场的候车、候船、候机厅(楼)。

4 公共图书馆的阅览室、公共展览馆的展览厅。

5 劳动密集型企业的生产加工车间、员工集体宿舍。

3.1.3 机组设置在首层、半地下室、地下室或中间层靠外墙的房间,其目的是便于设置泄爆口。当然,设置在半地下室或地下室内时,将规定有严格的安全措施。

3.1.4 机房设置在建筑物的任何部位均有危险性,本条的规定是为了确保安全。

3.1.5 冷热水机组虽属负压容器,不会形成爆炸,但因机组系用明火直接加热,在非正常使用的情况下有发生明火外露的可能。另外,在安装机组的机房内有燃气管道,一旦燃气泄漏有可能发生危险。因此,不应与人员密集的场所和甲、乙类生产或储存的建筑物贴邻。

3.1.6～3.1.10 这几条规定是为了保证机房和燃气管道的安全。

3.2 机房设置及建筑要求

3.2.1 机房的位置按照本标准第3.1.1条的规定,对在建筑物内不同位置的机房装机容量作了限制。本条所限制的装机容量是符合生产和使用的实际情况,既能满足它所服务的建筑面积,又方便机组的安装、吊装。对机组设置在建筑物的中间层提出了严格控制的要求,是因为设置在中间层的机组在安装、吊装方面较其他部位困难更大,并且其四周及上下均有相邻房间,为保证安全,应严格要求。

3.2.2 机房建筑要求:

1 安装在建筑物内的机组必须有专用的机房。因机组的燃气消耗量较大,其燃烧所需空气一般取自机房,加之操作人员卫生条件所需的空气,因此,机房必须通风良好。又由于机组炉内有明火燃烧,故机房内不应有易燃易爆物品。

2 冷热水机组的高度与机组制冷能力的大小因各制造厂而异。而机房内各种管道的安装方法又各不相同,不同的机组和不同的管道安装方法使机房所需的高度不尽一致。故本条只规定按机身高度和上部管道安装、检修空间所需的高度来确定机房的净高。机房内不应设置吊平顶是为了防止燃气泄漏后聚集于吊平顶内。

3 根据建筑防火规范要求,对燃油燃气锅炉的机房必须设置火灾自动报警和自动灭火系统。燃气直燃型吸收式冷热水机组虽不属于压力容器,但因机房内安装有燃气管道,为严格要求,故亦规定必须设置。本款与现行国家标准《城镇燃气设计规范》GB 50028 的要求一致,国家标准已设置为强制性条文,本标准不再设置。

4～7 主要从机房安全、人员操作、设备安装检修等方面提出要求,方便设计、安装、操作。其中,第 5 款是按现行国家标准《锅炉房设计规范》GB 50041 的有关规定而制定。

8 为尽量减少爆炸时对相邻部位的影响,故应采用防火墙和防火楼板与相邻部位隔开。重要场所一般是指公共浴室、教学楼、医院的门诊楼和病房楼、影剧院的观众厅、公共展览馆、博物馆、图书馆以及客运候车、候船、候机厅(楼)等场所。本款是按现行国家标准《锅炉房设计规范》GB 50041 和现行上海市工程建设规范《燃气分布式供能系统工程技术规程》DG/TJ 08－115 的有关规定而制定。

9 本款与现行国家标准《民用建筑供暖通风与空气调节设计规范》GB 50736 的要求一致,国家标准已设置为强制性条文,本标准不再设置。

3.3 操作室布置

3.3.1～3.3.2 为方便操作,操作室应与机房相连,既有隔墙隔开又有门相通。为使操作室内能清楚地观察到机房内的各种情况,操作室与机房的隔墙上采用双层隔声的观察窗,使操作人员能在安全、安静的环境下工作,并使操作室内保持一定的空调温度。当无法设置观察窗时,可采用设置监视器等手段以达到对机组运行状况进行监控的目的。

3.3.3 操作室因与机房相连,机组在运行时产生噪声,室内温度亦将升高,为保护操作人员安全操作,应根据劳动部门的要求对噪声、室温及新风等按有关规范加以控制。

3.4 机组布置

3.4.1~3.4.3 机房内机组的平面布置应根据机房大小和机组尺寸进行适当布置。机房的大小有两种情况:一种是根据机组的数量和容量大小在建筑设计时度身定制;另一种是利用原有的房间来布置。不论是哪一种情况,都必须考虑安装、检修所需的操作空间。此处规定的间距是最小间距,在有条件的情况下,可适当放大尺寸,使安装、检修更方便。当清通传热管时,可利用门窗开启空间作为操作空间。燃气直燃型吸收式冷热水机组布置如图 1 所示。

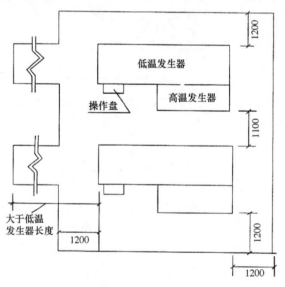

图 1 燃气直燃型吸收式冷热水机组布置示意(单位:mm)

4 机组的燃气供应

4.1 一般规定

4.1.1 当采用中压 B 管网供气时,因中压管网上的压力会随地区用气负荷的大小而波动。为保证供气的稳定性,必须在引出的中压支管上设置燃气调压站,由调压站降压至机组需要的燃烧压力来供应机组用气。经过燃气调压站调整后的压力,不论中压干管上的压力如何波动,调压站的出口压力始终稳定在一个定值上,能确保机组燃烧时压力稳定。

4.1.2 所谓受场地条件限制,主要是指建设场地内建筑覆盖率高,已无符合防火间距的场地可供设置燃气调压站。为解决这一困难,本条规定可以从中压干管上引出支管不经燃气调压站调压而直接供应机组用气,供气的稳定性通过机组本身配置的调压装置或稳压装置调压。采用此种供气方式时,应考虑中压燃气管网上压力波动较大,机组本身配置的稳压器必须满足较大波动幅度时的调压要求。但某些产品,机组本体不配置稳压器,为了保证供气压力稳定,使供应的燃气清洁,本条规定采用中压 B 燃气直接供气时必须设置调压、稳压装置和过滤器;否则,机组将无法工作。

4.1.3 燃气直燃型吸收式冷热水机组在运行时,虽无明显振动和很大噪声,但也必须符合国家和当地现行标准的有关规定。

4.1.4 燃气直燃型吸收式冷热水机组是以燃料为动力,应用吸收法原理,在真空状态下提供冷水、热水的设备。它具有最可靠的自动控制系统,相对于压力锅炉,燃气直燃型吸收式冷热水机组不会产生爆炸。这是基于机组的自动控制系统有以下安全保证(图 2):

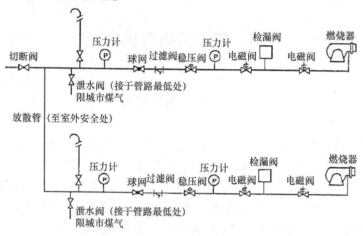

图 2　燃气供气管与机组燃烧器之间的安全设施

1　集成燃料的燃烧机,具有调压及稳压作用,可以保证燃烧的稳定。

2　双级电磁阀串联使用,确保停机时燃气不漏进炉膛,即使在烟道内出现险情产生爆炸,烟道上设有防爆门,不会产生破坏性作用。

3　稳压器、压力控制器对燃气压力上下限进行控制,一旦燃气压力超过上下限,则燃烧立即停火,不致产生脱火和回火的危险。

4　设置有燃气电磁阀泄漏检测装置,一旦发现泄漏,将立即保护,不执行点火程序。

5　设置有空气压力开关,确保燃烧机运行期间风机有足够的鼓风量,使燃烧正常进行,一旦风机出现故障,燃烧机立即停火保护。

6　设置有离子火焰检测装置,时刻监视燃烧情况,一旦出现异常,立即停火保护。

7　设置了风机过载保护,一旦过载,立即停火保护。

8 设置了风门与供气蝶阀同步调节联动装置,确保燃烧机空气燃料比始终正确稳定。

9 设置了前吹扫、后吹扫。

以上自动控制装置使机组能够自动起动、自动停机,具有断水保护、断水低温保护、高温防晶保护、能量自动调节,用变频调速控制溴化锂溶液的消耗比例等,特别是具备有熄火保护、防止压力过高和压力过低保护等,使其处在最安全、最佳的工况下工作。

4.1.5 烟气的排放是否通畅将直接影响燃烧效果,尤其是当烟气倒回时,甚至会导致燃气自动熄火。因此,最好的防止烟气倒回的方法是不使烟囱口的位置设在风压正压区。

4.1.6 本条的规定主要是使排烟畅通,避免相互干扰。

4.1.7 烟道有足够的强度、刚度和稳定性,既保证了烟道自身安全,也为了避免烟气流速过快产生振动而发出噪声。机组烟气排放速度规定不得小于 2.5m/s,是因为机组无引风机,速度过小会使烟气排放不畅。

4.1.8 非金属软管使用日久会老化脱落,造成燃气外逸,发生安全事故,故禁止使用。

4.2 机组安装在室内的安全技术措施

4.2.1～4.2.2 设计压力为中压 B 或者机组安装在半地下室、地下室以及密闭空间时,为了保证燃气系统的安全运行,对燃气管道的材质和报警切断系统的设置提出了要求。

4.2.3 探测器设置位置:

1～6 探测器必须设置在适当的位置方能有效地检测到泄漏的燃气,根据条文辅以图 3 予以说明。

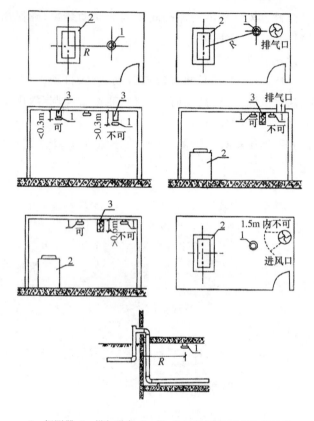

1-探测器;2-燃气设备;3-梁;R-探测器距释放源的距离

图3 燃气泄漏探测器安装位置

4.2.4 考虑到运行安全,紧急切断阀采用人工开启方式,且不设旁通,停电时阀门关闭暂停供气。

4.2.5 这种设置方法可使消防控制中心和操作室均能控制报警系统,能确保安全。探测器及紧急切断阀安装如图4所示。

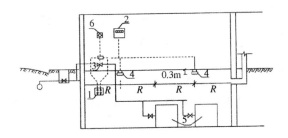

1-紧急切断阀操作盘;2-报警集中监视器;3-紧急切断阀;4-探测器
5-用气设备;6-紧急切断阀按钮;R-相邻两探测器的距离

图4 探测器及紧急切断阀安装示意

4.2.6 放散管的作用是在管道清扫或检修后置换气体用,机房内的放散管同样要防止其泄漏,故应与主管道一并进行严密性试验。

4.2.7 本条综合考虑了现行国家标准《城镇燃气设计规范》GB 50028、《锅炉房设计规范》GB 50041、《建筑设计防火规范》GB 50016 的要求,并结合实际情况制定。

4.2.8 机组运行时需燃烧大量燃气,不仅需要大量助燃空气,机身及烟道还会散发一定的热量,因此,通风换气措施至关重要。以往规范中只简单地提出换气次数,显得不够科学合理。因机组和烟道的散热量大小、机房面积和高度有不同,机组的功率大小又与燃气耗量有关,按本条给出的三个因素进行计算可更趋合理。具体计算方法如下:

1 控制因机组及烟道等表面散热引起机房内温度上升所需的空气量按下式计算:

$$Va_1 = \frac{Vg \cdot H_2 \cdot \varphi}{C_a \rho (ta_2 - ta_1)}$$

式中:Va_1——空气量(m^3/h);

Vg——进入机组的燃气量($N \cdot m^3/h$);

H_2——燃气低热值($kJ/N \cdot m^3$);

φ——散热系数,一般取 0.5%;

C_a——空气 $ta_2 \sim ta_1$ 之间的平均定压质量比热(kJ/kg℃);

ρ——空气 $ta_2 \sim ta_1$ 之间的平均密度(kg/m³);

ta_2——机房内的温度一般取 40℃;

ta_1——大气温度,夏天取 32℃,冬天取 10℃。

根据夏天和冬天的运行情况,分别计算所需的换气量取大值。

2 燃气燃烧所需的空气量

$$Va_2 = Vg \cdot Va_0 \cdot \alpha \cdot \beta$$

式中:Va_2——空气量(m³/h);

Va_0——理论空气量(Nm³干空气/Nm³干燃气);

α——过剩空气系数;

β——温度、湿度校正系数。

3 人体环境卫生所必须的新鲜空气量 Va_3

因 $Va_3 < Va_1 + Va_2$,故可忽略不计。

因此,机房内所必须的空气量 $Va = Va_1 + Va_2$。

4.2.9 机组设在地下室时,根据日本制冷空调安全标准无泄爆要求,有明火的地下室厨房也无泄爆要求。机组是负压容器,机组本体不会爆炸,只有燃气管道有可能泄漏燃气。因此,本条规定当机组停止运行时,可设置较小排风量的排风装置,主要是为了排出可能由管道泄漏的燃气。

4.3 机组安装在屋顶上的安全技术措施

4.3.1 机组安装在屋顶时,燃气管道亦必须沿建筑物升至屋顶。本条规定燃气立管以明敷为主,这主要是为了日后维修或更换管道时方便。

设在管道井内燃气立管的要求系参照现行上海市工程建设规范《城市煤气、天然气管道工程技术规程》DGJ 08-10 的有关规定,其中第3款的规定与现行国家标准《高层民用建筑设计防火规范》GB 50045 略有不同。例如,防火规范要求管道井内每层用防火密封分隔,而本标准规定要求燃气立管穿越不燃材料分隔层时,在立管四周留有适当空隙,其目的是使整个管道井保持上下通风。因为在正常情况下保持管道井上下通风,有利于泄漏燃气的排除。而在事故情况下,由于在竖井底层的检修防火门下部设置了带防火阀的进风百叶,在火警时可堵绝进风,阻止管道井的拔风作用。并且每隔 4～5 层设 1 只探测器,管道在进入管道井前设紧急切断阀等一系列安全措施,能确保管道在管道井内安全运行。

至于管道井内立管四周应留多大空隙不是一个固定数字,它与管道井的大小和立管口径大小有关。当管道井较大、立管口径相对较小时,楼板洞直径可取比立管口径大三档。例如,立管口径为 DN25 时,楼板洞的直径(或套管的直径)应为 50mm。反之,当管道井较小,立管口径相对较大时,楼板洞直径可取比立管口径大两档。例如,立管口径为 DN50 时,楼板洞的直径(或套管的直径)应为 100mm。

部分低压燃气管道井为密闭状态,此情况下,管材需采用厚壁无缝钢管,管道连接采用焊接;若管道井对外有直接可开启的窗,视为通风良好,可采用镀锌钢管。

4.3.2 机组在运行时,机组内有燃气燃烧和水在流动,屋顶上由于风力较大,必须考虑防风、防雨,尤其应特别注意防冻。

4.3.3 因目前燃气室外立管、屋面管以及燃气引入管等部位均要求有防雷、防静电接地,工业企业用的燃气设备也要求静电接地,故规定燃气设计时要考虑防雷、防静电的安全接地问题。

4.4 机组安装在中间层的安全技术措施

4.4.1～4.4.4 机组安装在建筑物中间层与安装在其他部位的安全措施要求基本相仿,主要目的均是为了保证安全。

5 燃气计量

5.0.1～5.0.2 此两条主要从安全使用,便于抄表、检修等因素出发,且考虑到很多用户建筑内部空间有限,允许燃气计量装置设置在专用调压箱或表箱内,设在专用调压箱内时,计量装置可以设在调压前,也可以设在调压后。

5.0.3 为防止燃气中的污物阻塞计量表而造成计量表的损坏,故应设过滤器。计量表上设置体积修正仪是因为燃气的体积与压力和温度有关系,燃气计量表测量都是标准状态下的体积流量,当工作压力和温度与标准状态不一致时,体积修正仪就根据工作压力和温度对测量流量进行修正。设置紧急切断阀及探测器主要是为防止计量表房内燃气泄漏影响大楼安全。如果计量表房单独设在大楼外的专用房间内,则不必安装紧急切断阀及报警器。

5.0.4 随着设备的电子化、数字化、智能化和网络化发展,对于能源使用监控和节能减排的要求,增加了燃气计量表的数据传输要求。

5.0.5 燃气计量表系易损设备,调换频繁,一般不宜设在地下室、半地下室。如必须设置时,为安全考虑,必须按燃气管道进入地下室、半地下室有关标准所规定的安全技术措施执行。

6 管道和阀门的安装

6.1 管道的安装

6.1.1 采用合格产品是保证工程质量的最基本要求。所用材料、设备应与设计要求相符,才能发挥正常的功能。

6.1.2 管螺纹接口的质量要求参照现行国家标准《建筑给水排水及采暖工程施工质量验收规范》GB 50242 编写,并根据气体成分的不同,规定了合适的填料种类。聚四氟乙烯带装紧后倒回时,会将填料层破坏,导致严密性不好,故规定不得倒回。

6.1.3 电气的接地装置与燃气管道连接,当燃气泄漏时,接地装置的火花将会引起燃气燃烧或爆炸,故严禁连接。

6.1.4 本条的规定主要是防止燃气管道采用从建筑物的基础下埋设进户的方式,以免管道由于建筑物的沉降而被破坏。

6.2 阀门的设置

6.2.1~6.2.2 此两条系参照现行上海市工程建设规范《城市煤气、天然气管道工程技术规程》DGJ 08-10 的有关条文编写,主要是为了保证安全及维修方便。

6.3 管道防腐和色标

6.3.1~6.3.3 钢管及管件为延长其使用寿命进行防腐是必要的。

6.4 管道焊缝的检验

6.4.1～6.4.3 此三条规定了中压 B 以及在地下室、半地下室、地上密闭空间等危险部位敷设钢管时,对焊缝的检验要求。

7 试验与验收

7.1 一般规定

7.1.1 按现行上海市工程建设规范《城市煤气、天然气管道工程技术规程》DGJ 08－10 的规定,试验介质应采用压缩空气,以保证管道吹扫及压力试验的真实性。

7.1.2 以往对地上燃气管道未规定吹扫的要求,由于冷热水机组对燃气的清洁度有较高的要求,而管道在安装时不可避免地有杂物或污物进入,为保证机组的用气安全,本条提出吹扫的要求并规定吹扫合格的标准,以使管道安装质量进一步提高。

7.1.3 对试验用弹簧压力表的精度要求,现行行业标准《城镇燃气输配工程施工及验收规范》CJJ 33 规定应不低于 0.4 级。因此,应采用标准压力表而不是普通压力表。

7.1.4 本条规定的目的在于保证试验的安全及试验结果的有效性,规定试验必须在施工完毕后进行。

7.1.5 本条规定的目的是为保证施工安全和确保归档的试验数据的有效性。

7.2 强度试验

7.2.1~7.2.2 强度试验实际上是一种预试,是把管道明显的泄漏点检查出来。强度试验严禁用水作介质是为了使试验的结果更有效。

7.2.3 本条系引用现行行业标准《城镇燃气室内工程施工与质量验收》CJJ 94 的有关规定。

7.3 严密性试验

7.3.1~7.3.3 此三条参照现行行业标准《城镇燃气室内工程施工及验收规范》CJJ 94 的有关条文编写。

7.4 工程验收

7.4.1~7.4.3 此三条参照现行上海市工程建设规范《城市煤气、天然气管道工程技术规程》DGJ 08－10 的有关条文编写。